Herleitung des Flächeninhalts eines Parallelogramms (Mathematik 7. Klasse, Gymnasium)

Jennifer Jollet

GRIN ☺

Bibliografische Information der Deutschen Nationalbibliothek:

Die Deutsche Nationalbibliothek verzeichnet diese Publikation in der Deutschen Nationalbibliografie; detaillierte bibliografische Daten sind im Internet über http://dnb.d-nb.de abrufbar.

ISBN: 9783668397415
Dieses Buch ist auch als E-Book erhältlich.

Druck und Bindung: Books on Demand GmbH, Norderstedt Germany
Gedruckt auf säurefreiem Papier aus verantwortungsvollen Quellen

Das vorliegende Werk wurde sorgfältig erarbeitet. Dennoch übernehmen Autoren und Verlag für die Richtigkeit von Angaben, Hinweisen, Links und Ratschlägen sowie eventuelle Druckfehler keine Haftung.

Das Buch bei GRIN: https://www.grin.com/document/345297

Jennifer Jollet

Studienreferendarin
am Studienseminar Hannover I
für das Lehramt an Gymnasien

Hannover, den 14.6.2016

Entwurf für den ersten gemeinsamen Unterrichtsbesuch
im Fach Mathematik

Pädagogische Leiterin: XXX

Fachleiterin: XXX

Schulleiter: XXX

Fachlehrerin: Jennifer Jollet

Schule: XXX

Lerngruppe: 7

Raum: XXX

Datum: 15.6.2016

Zeit: 10:20 – 11:05

Thema der Unterrichtseinheit:

Flächen- und Rauminhalte verschiedener geometrischer Figuren und Körper

Thema der Unterrichtsstunde:

Der Flächeninhalt eines Parallelogramms

Inhalt

1.Stundenrelevante Angaben zur Lerngruppe

Die Klasse setzt sich aus insgesamt dreißig Schülerinnen und Schüler (SuS) zusammen, dabei dominiert der Anteil des weiblichen Geschlechts enorm (zwanzig Mädchen und zehn Jungs). In dieser Lerngruppe führe ich seit Anfang Januar meinen eigenverantwortlichen Unterricht durch. Die SuS haben mich sofort als ihre neue Mathelehrerin akzeptiert und es herrscht ein sehr angenehmes Lehrer-Schüler-Verhältnis.

Die Lernatmosphäre kann als produktiv bezeichnet werden: Die SuS arbeiten meist bereitwillig und interessiert mit, lassen sich aber auch gelegentlich durch ihre Nachbarn ablenken. Die Lerngruppe ist sehr diskutierfreudig, sodass ich mich meistens auf eine gute Mitarbeit im Unterrichtsgespräch verlassen kann. Auffallend ist die Breite der mündlichen Beteiligung: Es sind nicht immer dieselben SuS, die den Unterricht vorantreiben, sondern es ist durchaus möglich, dass die leistungsschwächeren SuS (vgl. 6.1) intensiv mitarbeiten und positive Beiträge leisten.

In Einstiegsphasen, in denen die SuS auf ein Problem hingeführt werden, ohne bereits fachspezifisch sehr stark gefordert zu werden, ist die Beteiligung im Klasse meist recht hoch. Einige SuS zögern nicht, erste Vermutungen, fehlerhafte oder unvollständige Vorstellungen und Gedanken mitzuteilen oder zur Diskussion zu stellen. Die SuS können sehr konzentriert in Gruppen arbeiten, ohne dabei vom Arbeitsauftrag in Außerschulisches abzuschweifen. Des Weiteren herrschen keine Antipathien zwischen einzelnen SuS, sodass jeder mit jedem arbeiten kann. Dies hat Auswirkungen auf die Wahl der Sozialformen (vgl. 5.1).

Da die Lerngruppe sehr leistungsheterogen ist, empfiehlt es sich, binnendifferenzierte Arbeitsaufträge zu verteilen. Daher erhalten in der vorliegenden Stunde die leistungsstärkeren SuS (vgl. 6.1) die anspruchsvollere Variante eines Parallelogramms (vgl. 2). Auch sind die SuS geübt darin, Ergebnisse vor der Klasse zu präsentieren, was auch Auswirkungen auf die Wahl der Sozialformen hat (vgl. 5.1). Viele SuS sind in der Lage, geometrisch abstrakt zu denken, sodass das Herausschneiden und sinnvolle Umlegen von Teilstücken eines Parallelogramms keine Probleme bereiten sollte. Aufgrund ihrer erkennbaren Bereitschaft, sich auf neue Fragestellungen einzulassen, ist davon auszugehen, dass dies auch in diesem Fall möglich sein wird (siehe 3.4). Die einzige Schwierigkeit ist, dass viele SuS oft demotiviert sind, wenn sie nicht sofort den geeigneten Lösungsweg erfassen. Ich hoffe, dies durch das ansprechende Material auffangen zu können.

2. Angaben zur Sache

Der Schwerpunkt der Stunde liegt auf dem Flächeninhalt eines Parallelogramms. Daher wird zunächst die Definition eines Parallelogramms betrachtet: Das Parallelogramm ist eine spezielle Form eines konvexen Vierecks, bei dem die gegenüberliegenden Seiten parallel verlaufen. Die Höhe ist als Abstand zweier paralleler Seiten definiert. Die SuS haben in der Unterrichtsreihe schon die Definition sowie die grundlegenden Eigenschaften eines Parallelogramms kennengelernt. Sie wissen

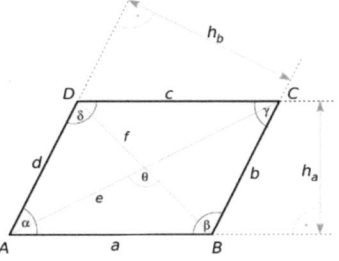

Abbildung 1: Allgemeines Parallelogramm

3

also, dass gegenüberliegende Seiten gleich lang sind, benachbarte Winkel 180° ergeben und dass gegenüberliegende Winkel gleich groß sind.

Die SuS sollen in dieser Stunde die Formel für den Flächeninhalt eines Parallelogramms $A_P = a \cdot h_a = b \cdot h_b = g \cdot h$ selbstständig erarbeiten.[1]

Hierbei kann man zwei Fälle unterscheiden:

1. Die Höhe lässt sich komplett in die Figur einzeichnen, wenn $\alpha \geq \arctan(\frac{h}{g})$ gilt.
2. Die Höhe lässt sich nicht komplett in die Figur einzeichnen, wenn $\alpha < \arctan\left(\frac{h}{g}\right)$ gilt.

In dem ersten Fall kann das Parallelogramm orthogonal zu der Seite g durch den Punkt B getrennt werden und der abgetrennte Teil auf die linke Seite verschoben werden. Das abgeschnittene Dreieck hat bei B einen Winkel von $\beta = 90° + \beta'$. Somit gilt $180° = \alpha + \beta = 90° + \alpha + \beta'$ und somit $90° = \alpha + \beta'$. Es entsteht ein Rechteck mit den Seiten g und h. Da nur auf der Achse von a und c verschoben wurde, hat sich die Grundseite und die Höhe nicht verändert (vgl. zweite Graphik).[2]

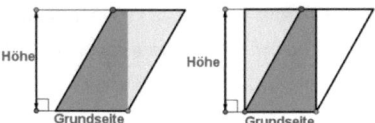

Abbildung 2: Ein Trennvorgang ist erforderlich (eine Iteration)

Der zweite Fall ist etwas komplizierter, da man dort nicht nach der ersten Iteration zum Ergebnis kommt. Das Vorgehen ist aber analog. Man schneidet orthogonal zu g durch den Punkt B und verschiebt nach links. Diesen Vorgang wiederholt man, bis ein Rechteck mit den Seiten g und h entsteht (vgl. dritte Graphik).[3]

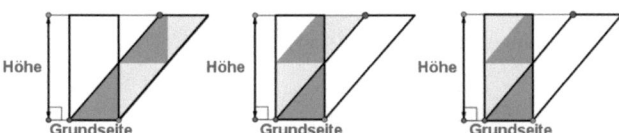

Abbildung 3: Zwei Trennvorgänge sind erforderlich (Zweistufige Iteration)

---

[1] Die Bezeichnungen sind im Wesentlichen in Abb. 1 erläutert. Mit g und h wird ein zusammengehöriges Paar von Grundseite und Höhe beschrieben.
[2] Vgl. Nitschke, 2005, S. 26.
[3] Der Flächeninhalt eines Parallelogramms könnte alternativ mithilfe der flächentreuen Abbildung hergeleitet werden, darauf wird aber an dieser Stelle verzichtet, weil die Stunde diesen Aspekt nicht berücksichtigt.

3. Didaktische Überlegungen

3.1 Unterrichtszusammenhang

Diese Unterrichtsstunde stellt ein Element der Reihe „Flächeninhalte und Rauminhalte verschiedener geometrischer Figuren und Körper" dar. In den Stunden zuvor haben sich die SuS intensiv mit dem Flächeninhalt des Dreiecks und des Trapezes befasst. Bei diesen beiden Themen habe ich besonderen Wert auf die Herleitung der Berechnung des Flächeninhalts gelegt. Somit haben die SuS bereits erste Erfahrungen im Umgang mit dem Zerlegen in verschiedene Teilfiguren zur Berechnung des Flächeninhalts sammeln können. In dieser Unterrichtsstunde tritt das strategische Abtrennen und Neu-Zusammensetzen in den Vordergrund. Interessant ist dabei die Genese einer geometrischen Figur deren Flächeninhalt sich problemlos bestimmen lässt. Die Einheit wird mit dem Anwenden der erarbeiteten Formal fortgesetzt.

Da es sich bei dem besuchten Unterricht um den zweiten Teil der Doppelstunde handelt, haben wir den ersten Teil zur Wiederholung benötigter Begrifflichkeiten genutzt.

3.2 Legitimation

Das Thema „Flächeninhalt eines Parallelogramms" findet man im Kerncurriculum unter dem Aspekt „Die SuS begründen Formeln für den Flächeninhalt von Dreieck, *Parallelogramm* und Trapez durch Zerlegen und Ergänzen"[4]. Auch in unserer Alltagswelt begegnen uns immer wieder Parallelogramme wie beispielsweise im Wassersport oder beim Fliesenlege. Präsenter sind uns hingegen rechtwinklige Figuren, wie Rechtecke oder Quadrate, die jedoch auch ein Parallelogramm darstellen (Haus der Vierecke).

Die Vorgehensweise, das Parallelogramm zu zerlegen und zu einem neuen geometrischen Konstrukt zusammenzusetzen, fordert ein sehr problemorientiertes Denken, welches in jedem Fall gefördert werden soll und auch auf dem weiteren schulischen Weg der SuS immer wieder gefordert wird. Gerade dieser besondere Umgang mit geometrischen Flächen (zerlegen, umlegen, abschneiden etc.) stellt einen Vorgang dar, der sich auch in höheren Klassen als tragfähig erweist. Auch die Form des Parallelogramms wird im schulischen Alltag immer wieder auftauchen, sodass es für die SuS unausweichlich ist, sich mit dieser Thematik auseinanderzusetzen.

3.3 Schwerpunktsetzung und didaktische Reduktion

Der Schwerpunkt der Stunde liegt auf dem selbstständigen Herleiten der Berechnungsstrategie „Grundseite mal Höhe" für den Flächeninhalt eines Parallelogramms. Die SuS sollen durch geeignetes Schneiden, Umlegen und Ergänzen die Form eines Parallelogramms auf eine ihnen bereits bekannte geometrische Form führen. Hierbei soll auch der mit Abb. 3 angesprochene Sonderfall thematisiert werden. Dabei konzentriert sich die gesamte Stunde auf die geometrische Herleitung, denn diese trägt zum Verständnis der SuS bei. Auf weitere mögliche Herleitungsalternativen sowie auf weitere Anwendungsaufgaben wird verzichtet.

---

[4] Kerncurriculum Niedersachsen S. 27, unter: http://db2.nibis.de/1db/cuvo/datei/ma_gym_si_kc_druck.pdf (abgerufen am 12.6.2016).

3.4 Transformation und Antizipation

Ich habe mich zu Beginn der Stunde für eine Aufgabe entschieden, die die SuS motivieren soll. So werden die SuS zuerst mit einer sehr leicht zu erfassenden Aufgabe konfrontiert. Sie sollen überprüfen, ob die Fläche einer beschränkten Gewässerzone 3.000m² nicht übersteigt (vgl. Anhang Folie). Da es sich bei dieser Fläche um ein Rechteck handelt, werden die SuS auch keinerlei Probleme haben, den Flächeninhalt zu bestimmen. Nun sollen sie aber überprüfen, ob auch das danebenliegende Parallelogramm die Normwerte nicht übersteigt. Um dies zu überprüfen, müssen die SuS jedoch den Flächeninhalt eines Parallelogramms bestimmen, den sie zum momentanen Zeitpunkt noch nicht berechnen können. Daher lasse ich die SuS zunächst Vermutungen äußern. Hier gehe ich davon aus, dass einige SuS vorschlagen werden, dass Parallelogramm in zwei Dreiecke und ein Rechteck zu teilen und dann jeweils die Flächeninhalte der einzelnen Elemente zu bestimmen. Gerade weil die SuS sich in den Stunden zuvor sehr intensiv mit der Bestimmung des Flächeninhalts eines Dreiecks beschäftigt haben, werden sie versuchen, Dreiecke wiederzufinden. Allerdings werden die SuS hoffentlich schnell merken, dass diese Methode nicht zielführend ist, da uns dafür zu viele Angaben fehlen, wie beispielsweise die Höhe des Dreiecks oder auch die Seiten des Rechtecks. Somit erhoffe ich mir, dass die SuS selbstständig zur Fragestellung kommen, wie man den Flächeninhalt eines Parallelogramms bestimmen kann. Diese Fragestellung halte ich an der Tafel fest, um später darauf zurückgreifen zu können.[5] Die vorgestellte Aufgabe habe ich in einen Sachkontext gehüllt, da ich der Meinung bin, dass SuS sich somit leichter in eine Aufgabe hineindenken können und zusätzlich auch mehr Begeisterung für die Sache entwickeln, als wenn ich ein Rechteck und zusätzlich ein Parallelogramm präsentiere.

In der Erarbeitungsphase erläutere ich zunächst die Aufgabenstellung genauestens und teile anschließend die Gruppen ein, sodass es zu keiner Unruhe während der Erläuterung der Aufgabe kommt. Nun sollen die Gruppen versuchen, mithilfe des Arbeitsblattes, ihren Gruppenmitgliedern und dem zusätzlichen Parallelogramm, welches sie nach Belieben zerschneiden können, eine Berechnungsstrategie für den Flächeninhalt eines Parallelogramms zu finden. In dieser Phase liegt auch der Schwerpunkt der Stunde. Denn nur durch eine intensive Auseinandersetzung während der Erarbeitung, kann das Stundenziel erreicht werden. Da es zwei unterschiedliche Arten von Parallelogrammen gibt, habe ich entschieden, beide erarbeiten zu lassen. Hierbei ist eine deutliche Binnendifferenzierung zu vermerken, da das übliche Parallelogramm in der Erarbeitung um einiges leichter ist, da ein Iterationsschritt bereits genügt (vgl. 2). So gehe ich davon aus, dass es bei Arbeitsblatt A (vgl. Anhang), zunächst keine Probleme geben wird und auch die meisten SuS in der Lage sein werden, dass Parallelogramm dementsprechend abzuschneiden und wieder zu ergänzen. Die andere Art des Parallelogramms erfordert eine sehr viel intensivere Auseinandersetzung: Es muss mindestens an zwei Stellen etwas abgetrennt und wieder zusammengefügt werden (vgl. 2). Doch ich gehe davon aus, dass auch bei dieser Erarbeitung die SuS nach einem regen Austausch und viel kognitiver Arbeit letztendlich zu einem richtigen Lösungsweg kommen werden. Hier ist es durchaus möglich, dass die SuS unterschiedliche Vorgehensweisen in Betracht ziehen. So ist es zum einen möglich,

---

[5] Falls mein gewünschtes Ergebnis schon vorweggenommen werden sollte, so werde ich die Idee des Schülers oder der Schülerin als Hypothese aufnehmen und sagen, dass wir nun herausfinden wollen, ob diese Hypothese stimmt.

dass Parallelogramm zweimal zu zerschneiden und die entsprechenden Teilstücke wieder anzulegen (vgl. 2), aber es ist auch durchaus möglich, dass die SuS nur einmal ein rechtwinkliges Dreieck herausschneiden und es oben wieder ansetzen und somit zu einem nicht parallel zu den „Bojenreihen" verlaufendes Rechteck kommen. Beide Lösungswege sind richtig und haben ihre Berechtigung. Es ist durchaus möglich, dass einige SuS eventuell frustriert sind, weil sie nicht sofort ideal abteilen und somit das gewünschte Ergebnis nicht direkt erhalten. Dem versuche ich jedoch zum einen durch die Sozialform (vgl. 5.1) und zum anderen durch das Material (vgl. 5.3) entgegenzuwirken. Da wir in der Stunde zuvor die Grundbegriffe eines Parallelogramms wiederholt haben, erhoffe ich mir, dass die SuS durchaus in der Lage sind, anschließend eine Berechnungsstrategie zu erschließen und zu erläutern. Sollte es große Schwierigkeiten während dieser Phase geben, die nicht im Austausch mit der Gruppe gelöst werden können, so werde ich den einzelnen Gruppen durch gezielte Impulse wie beispielsweise: „Was fehlt denn, damit sich hieraus ein Rechteck ergibt?" „Wissen wir denn, um welche Strecke es sich hier handelt?" versuchen, zu helfen.

In der Sicherungsphase sollen die SuS ihre erarbeiteten Ergebnisse durch die kleinen transparenten Parallelogramme und dem OHP vorstellen und erklären, wie sie getrennt und wieder zusammengesetzt haben. Durch diese Phase sollen alle SuS auf einen Stand gebracht werden. Zusätzlich soll ein Zwischenplateau geschaffen werden. Anschließend sollen die SuS erläutern, wie man nun vorgehen kann, um den Flächeninhalt eines Parallelogramms zu bestimmen und wie die geeignete Berechnungsstrategie lautet. Diese Strategie werde ich dann an die Tafel schreiben, um sie so zu sichern (siehe Anhang Tafelbild). Ich gehe davon aus, dass es in dieser Phase wenige Schwierigkeiten geben wird, da die Probleme in der Phase zuvor geklärt werden sollten. Ein Problem, welches eventuell auftauchen könnte, ist, dass den schwächeren SuS nicht bewusst ist, wie man auf die Berechnungsstrategie kommt und die stärkeren SuS dies nochmals ausführlicher erklären müssen. An dieser Stelle wäre auch mein Minimalziel erreicht, daher bietet es sich an, hier einen alternativen Stundenausstieg zu setzen.

Durch die darauffolgende Vertiefungsphase soll das Maximalziel erreicht werden, nämlich, dass die SuS herausstellen, dass diese Berechnungsstrategie für jedes beliebige Parallelogramm Gültigkeit besitzt. Dies sollte den SuS nicht schwerfallen zu erkennen, denn bei den beiden Parallelogrammen handelt es sich um zwei unterschiedliche Fälle, die stellvertretend alle Parallelogramme abdecken. Eine Hinleitung ist durch gezielte Impulse, wie beispielsweise „Was fällt euch bei den beiden Parallelogrammen auf?", „Was für Unterschiede gibt es und welche Gemeinsamkeiten weisen sie auf?", möglich. Auch dieses Ergebnis schreibe ich gebündelt an die Tafel, um somit das Tafelbild zu komplettieren (vgl. Anhang Tafelbild). Hier wäre das zweite alternative Stundenende zu vermerken.

Sollte noch Zeit übrig sein, so werde ich die Ausgangssituation vom Stundeneinstieg nochmals betrachten lassen und die SuS fragen, ob sie nun überprüfen können, ob die Normwerte bzgl. der Größe eingehalten wurden. Da ich davon ausgehe, dass die meisten SuS in der Stunde mitkommen und den neu erarbeiteten Stoff verstehen werden, denke ich, dass diese Aufgabe nun auch kein Problem darstellt und sie nun einfach die Grundseite mit der Höhe malnehmen werden. So schließt sich der Kreis der Stunde.

4. Ziele der Stunde

Die SuS sollen am Ende der Stunde in der Lage sein, den Flächeninhalt eines Parallelogramms zu bestimmen und zu begründen. Dazu sollen sie im Einzelnen:

- In der Einstiegsphase das Problem aufwerfen, dass es ihnen zu dem momentanen Zeitpunkt noch nicht möglich ist, den Flächeninhalt des Parallelogramms zu bestimmen. (Motivation wird geschaffen)

- Durch kluges Zerschneiden, Umlegen und Hinzufügen aus dem Parallelogramm eine geometrische Figur kreieren, von der sie den Flächeninhalt bestimmen können und auf Grundlage dessen den Flächeninhalt des Parallelogramms bestimmen.

- Erklären, wie sie bei der Bestimmung des Flächeninhalts des Parallelogramms vorgegangen sind und wie sich die Berechnungsstrategie kurz und prägnant formulieren lässt.

Im Sinne einer Maximalplanung sollen die SuS erkennen, dass die Art des Parallelogramms bei der Bestimmung des Flächeninhalts keine tragende Rolle spielt. Dafür soll ihnen auffallen, dass unterschiedliche Parallelogrammtypen, die bei der Bearbeitung zur Verfügung standen sich trotzdem unter eine Flächeninhaltsformel subsummieren lassen. Auch sollen die SuS die Unterschiede zwischen den einzelnen Parallelogrammen beschreiben können.

5. Methodische Überlegungen

5.1 Sozialformen

Die Einstiegsphase wird zunächst durch einen kurzen Lehrervortrag (LV) eingeleitet, in dem ich das mitgebrachte Material kurz vorstelle und auf den Overheadprojektor (OHP) lege. Daraufhin erfolgt ein Unterrichtsgespräch (UG), welches zur der Findung und Klärung der Problemstellung beiträgt. Die SuS sind somit in der Lage sofort auf andere Probleme Stellung zu beziehen und zusätzlich können Kontroversen unmittelbar ausgehandelt werden. Die Erarbeitungsphase erfolgt in Gruppenarbeit. Ich erachte die Gruppenarbeit in dieser Erarbeitungsphase als angemessen, da es sich hierbei um eine sehr kreative und herausfordernde neue Fragestellung handelt, die auf den ersten Blick nicht leicht zu lösen ist. Im Team können die SuS sich aber gegenseitig ergänzen und neue Ideen untereinander austauschen. Somit ist gesichert, dass die Motivation nicht in eine Resignation umschlägt, falls es einzelnen SuS nicht auf Anhieb gelingen sollte, an der richtigen Stelle des Parallelogramms zu schneiden und diesen Teil umzulegen. Würde ich hier eine Einzelarbeit vorziehen, so könnte genau dieses Phänomen eintreten. In der Sicherungsphase habe ich mich zunächst für den Schülervortrag entschieden, da somit SuS die Möglichkeit geboten wird, ihre bisherige Arbeit zu präsentieren und sie so auch eine größere Wertschätzung erfahren. Des Weiteren ist die Lerngruppe absolut verlässlich und eignet sich hervorragend für diese Art der Sozialform. Die anschließende Diskussion und Vertiefung erfolgt im Unterrichtsgespräch, da nun Rückfragen geklärt werden können und ein großer Austausch von enormer Wichtigkeit ist, damit sich die SuS selbstständig durch gezielte Impulse meinerseits das antizipierte Ergebnis der Vertiefungsphase erschließen.

5.2 Medien / Materialien

Das mitgebrachte Material findet schon direkt beim Einstieg Verwendung. So wird dort eine Folie mittels des OHP präsentiert, die die SuS in die Thematik einführen soll. Die Folie beinhaltet das Motiv des Wassersports, auf dem zwei unterschiedliche Bereiche im Wasser gekennzeichnet sind. Den einen Bereich können die SuS bereits berechnen, den zweiten jedoch noch nicht, sodass sich hier die Fragestellung anschließt. Beim Parallelogramm habe ich besonders darauf geachtet, dass es den SuS nicht möglich ist, den Flächeninhalt durch ein Teilen in Dreiecke zu berechnen, da ihnen zu viele Angaben fehlen. Ansonsten würde sich die Fragestellung nicht mehr ergeben. Eine Folie bietet den Vorteil, dass ich besonders in dieser wichtigen Einstiegsphase von der gebündelten Aufmerksamkeit der SuS, die sich nach vorne richtet, profitieren.

Das Arbeitsblatt in der Erarbeitungsphase greift die Wassersport Thematik wieder auf. Ich habe mich hierbei für eine gezielte Einbettung des Themas in einen Sachkontext entschieden, weil ich hoffe, die SuS so ein wenig mehr zu motivieren und auch aufzuzeigen, dass Mathematik durchaus in unserer Umwelt vorhanden ist. Das Arbeitsblatt dient der selbstständigen Erarbeitung, welche durch gezielte, auf dem Blatt zu findende Impulse, erreicht werden soll und wird durch zusätzliche Parallelogramme aus Transparenzfolien abgerundet. Diese enaktive Methodik steht dem praxisbezogenen wissenschaftlichen Arbeiten sehr nahe und verhindert ein stumpfes Einsetzen von Zahlen in Formeln.[6] Auch Leuders vertritt die Position, dass das in der Schule forcierte Einüben von Routinen und das Memoiren von Formeln nur wenig zum Verständnis mathematischer Sachverhalte beiträgt.[7] Diese Folien sind insbesondere in der Sicherungsphase gewinnbringend, da sie auf den OHP aufgelegt werden können und die SuS somit ihren Mitlernenden den Umlege Prozess einfach verdeutlichen können. Das Ergebnis wird zuletzt auf der Tafel gesichert. Der Overhead stellt in diesem Fall keine Alternative dar, da die Ergebnisse der SuS aus der Erarbeitungsphase präsent sein sollen, sodass sich die SuS immer wieder während des UGs auf die Ergebnisse beziehen können.

5.3 Steuerungsverhalten

Nach dem Vorstellen der Eingangssituation übernehme ich zunächst die Rolle der Moderation. Hierbei ist es mir wichtig, dass ich eventuell auch schwächere SuS auffordere etwas zu sagen, damit auch deren Hemmschwelle am Anfang der Stunde herabgesetzt wird. Am Ende der Einstiegsphase werde ich das von den SuS Gesagte nochmals bündeln, auf die Fragestellung überleiten und somit die Erarbeitungsphase einleiten. Wichtig ist zudem, dass in der Einstiegsphase alle SuS dem Unterrichtsgeschehen folgen können und ihnen die vorgestellte Problemstellung einleuchtet, ansonsten werden sie in der kommenden Erarbeitungsphase auf weitere Probleme treffen. Die Erarbeitungsphase soll hauptsächlich von den SuS getragen werden, sodass ich mich soweit wie möglich aus den Gruppenarbeiten heraushalte und stattdessen in die Rolle des Beobachters schlüpfe und schaue, wie die einzelnen SuS zurechtkommen und ob sie nicht doch an schwierigen Stellen eine Hilfestellung benötigen. Dadurch ist es den SuS möglich, selbstständig zu denken, auszuprobieren und eigene Lösungsstrategien zu entwickeln. In dieser Phase kann ich

---

[6] Vgl. Führer, 1997.
[7] Vgl. Leuders, 2003, S.29.

zudem beobachten, welche Gruppen sich für die Vorstellung in der Sicherungsphase besonders eignen. So werde ich in der Sicherungsphase zunächst weiterhin Beobachter sein und erst zusammen mit dem aufkeimenden Unterrichtsgespräch wieder die Rolle des Moderators einnehmen, in der ich versuchen werde, Äußerungen der SuS zu verknüpfen, sodass ein Schüler-Schüler-Gespräch stattfindet, welches nicht nur über den Lehrer verläuft. Trotz dessen werde ich geeignete Impulse setzen, wie beispielsweise „Schaut euch die beiden nun erarbeiteten Parallelogramme an, was fällt auf?"; „Können wir daraus etwas schlussfolgern?", um die SuS in der Vertiefungsphase zu dem Ergebnis zu führen, dass sich der Flächeninhalt jedes beliebigen Parallelogramms durch die Berechnungsstrategie „Grundseite mal Höhe" ausdrücken lässt.

6. Anhang
6.1 Kommentierter Sitzplan

Der Sitzplan wird am 15.6.2016 den Ausbilderinnen sowie dem Schulleiter vor der Unterrichtsstunde ausgehändigt. Ein Veröffentlichen ist aus Datenschutzgründen nicht möglich.

6.2 Verlaufsplanung

Phase	Lehrerverhalten	Intendierte Lerneraktivitäten (erwartete Schwierigkeiten)	Sozialf.	Medien/ Material
Einstieg	L. legt Folie mit dem Sachverhalt auf den OHP und erklärt, dass es sich hierbei um verschiedene Bereiche handelt, die nur eine bestimmte Größe haben dürfen.	SuS bestimmen zunächst den Flächeninhalt des Rechtecks. Anschließend werfen die SuS das Problem auf, dass sie noch nicht wissen, wie man den Flächeninhalt eines Parallelogramms bestimmt.	UG	Folie Einstieg Parallelogramm
	L. fragt nach, ob diese Bereiche die angeforderte Größe nun auch nicht überschreiten.	In dieser Phase könnte es sein, dass besonders starke SuS bereits erste richtige Ideen äußern und beispielsweise vorschlagen, das Parallelogramm in zwei Dreiecke und ein Rechteck zu teilen. Diese Idee werde ich dann zunächst aufnehmen und nachfragen, wie dann weitervorgegangen werden muss, um auf das Problem aufmerksam zu machen, dass es durchaus schwierig ist, den Flächeninhalt der beiden Dreiecke und des Rechtecks zu bestimmen.		
		Problemstellung: Wie bestimmt man den Flächeninhalt eines Parallelogramms?		
Erarbeitung	L. teilt SuS in Gruppen mit je vier SuS ein und erläutert die Aufgabenstellung. (Die Gruppeneinteilung erfolgt binnendifferenziert)	SuS erarbeiten mithilfe des ABs, ihrer Gruppe und den dazugehörigen Parallelogrammen die Berechnungsstrategie zur Bestimmung des Flächeninhalts eines Parallelogramms heraus.	GA	AB Parallelogramm A AB Parallelogramm B
	Während der Gruppenphase geht L. herum, beobachtet und steht für Fragen zur Verfügung.	Ich denke, dass die SuS generell gut zurechtkommen werden. Lediglich die Übertragung auf eine allgemeine Berechnungsstrategie könnte den SuS Probleme bereiten. Diese können sie jedoch mithilfe ihrer Gruppenmitglieder versuchen zu klären, ansonsten erfolgt dies im Verlauf der Sicherungsphase.		Parallelogramme aus transparenter Folie
Ergebnis-sicherung	L. bittet zwei Gruppen (einmal Gruppe A, einmal Gruppe B) ihre Ergebnisse zu präsentieren.	SuS präsentieren ihre Ergebnisse und können auch schon erste Ideen zum Thema Berechnungsstrategien äußern.	SV	OHP
	L. notiert an der Tafel die Berechnungsstrategie.	Anschließend sollen die SuS darüber diskutieren, ob die vorgeschlagene Berechnungsstrategie klappt und ob der vorgeschlagene Lösungsweg stimmt.	UG	Tafel

11

Phase	Lehrerverhalten	Intendierte Lerneraktivitäten (erwartete Schwierigkeiten)	Sozialf.	Medien/ Material
Vertiefung	L. fragt nach, was uns denn bei den beiden Parallelogrammen auffällt und ob es Unterschiede und Gemeinsamkeiten bei der Bestimmung des Flächeninhalts gab. Lässt sich auch eine allgemeine Berechnungsstrategie finden, die bei jedem beliebigen Parallelogramm Anwendung findet?	SuS diskutieren darüber, welche Unterschiede und Gemeinsamkeiten es bei der Bestimmung des Flächeninhalts gab. Kommen am Ende auf die Idee, dass die in der Sicherungsphase erarbeitete Berechnungsstrategie durchaus für jedes beliebige Parallelogramm gilt.	UG	Tafel
[Did. Reserve: Übung]	L. führt das Ausgangsproblem der Stunde nochmals an und fragt nach, wie die SuS nun hier den Flächeninhalt des Parallelogramms bestimmen würden.	SuS erklären, wie sie den Flächeninhalt bestimmen und prüfen, ob der Bereich die geeignete Größe besitzt.	UG EA	OHP

UG – Unterrichtsgespräch; GA –Gruppenarbeit; HA – Hausaufgabe; EA – Einzelarbeit; AB – Arbeitsblatt; OHP- Overheadprojektor; SV - Schülervortrag

HA: keine

Anhang: Materialien (Arbeitsblätter: Parallelogramm A, Parallelogramm B; Folie: Einstieg Parallelogramm)

12

6.3 Antizipiertes Tafelbild

15.6.2016	**Wie lässt sich der Flächeninhalt eines Parallelogramms bestimmen?**
	Mit der Berechnungsstrategie „Grundseite * Höhe" lassen sich Flächen im Parallelogramm berechnen.
	Kurz heißt dies: g*h
	Dies gilt für jedes beliebige Parallelogramm.

6.4 Material

Folie Einstieg Parallelogramm
[z.B. Ruderstrecke/Schwimmbad mit Bahnmarkierungen]

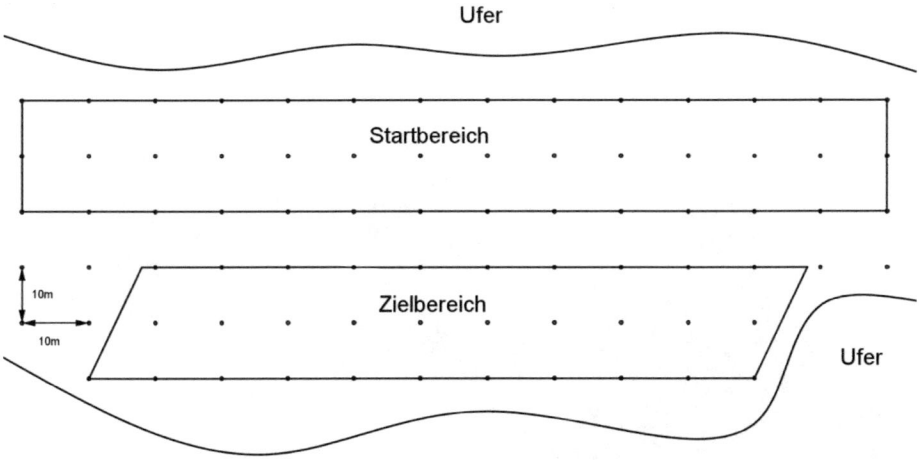

Flächeninhalt eines Parallelogramms (Gruppe A)

In der folgenden Grafik sind drei unterschiedliche Bereiche zu sehen. Die erste ist die Warming-up area, in der Ruderboote abgestellt werden können, bevor das Rennen losgeht oder erste Schläge zum Warmmachen getätigt werden können. Das zweite Gebiet ist eine Sperrzone, da der Fluss hier nicht tief genug ist und die Ruderboote beschädigt werden könnten. Die dritte Zone ist die Cooling-down area in der sich die Ruderboote nach dem Rennen aufhalten dürfen.
Da solche Zonen nur eine bestimmte Fläche besitzen dürfen, ist es interessant, deren Flächeninhalt zu bestimmen.

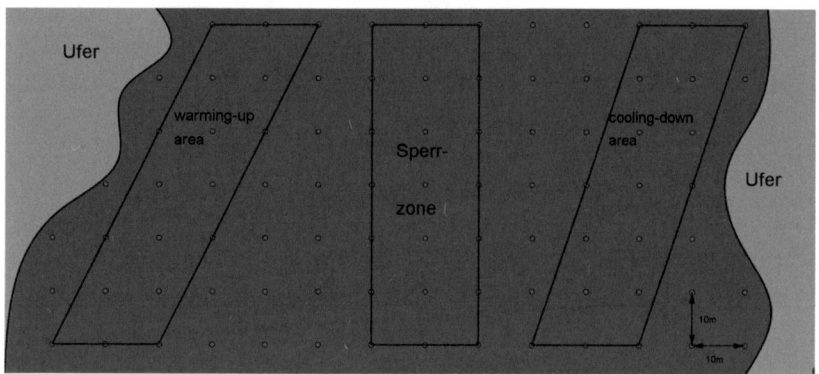

Wie groß ist der Flächeninhalt der **Cooling-down area**?

- Verwandle das Modell durch geeignetes Zerschneiden und Heraussetzen in ein flächengleiches Rechteck.
- Bestimmt gemeinsam eine Berechnungsstrategie für den Flächeninhalt eines Parallelogramms.
- *Überlegt, ob sich eure Strategie zur Berechnung des Flächeninhaltes auch auf das andere Parallelogramm übertragen lässt.*

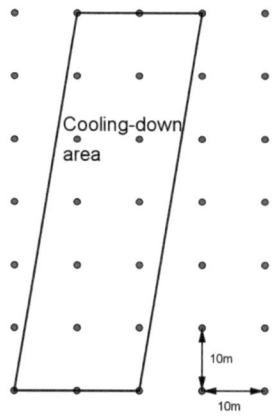

Flächeninhalt eines Parallelogramms (Gruppe B)

In der folgenden Grafik sind drei unterschiedliche Bereiche zu sehen. Die erste ist die Warming-up area, in der Ruderboote abgestellt werden können, bevor das Rennen losgeht oder erste Schläge zum Warmmachen getätigt werden können. Das zweite Gebiet ist eine Sperrzone, da der Fluss hier nicht tief genug ist und die Ruderboote beschädigt werden könnten. Die dritte Zone ist die Cooling-down area in der sich die Ruderboote nach dem Rennen aufhalten dürfen. Da solche Zonen nur eine bestimmte Fläche besitzen dürfen, ist es interessant, deren Flächeninhalt zu bestimmen.

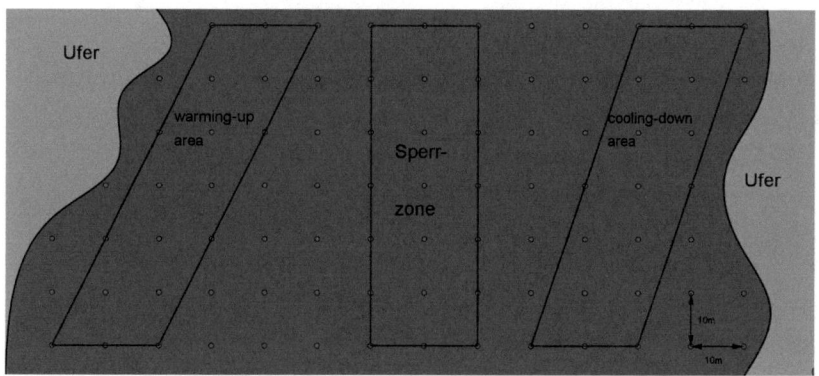

Wie groß ist der Flächeninhalt der **Warming-up area**?

- Verwandle das Modell durch geeignetes Zerschneiden und Heraussetzen in ein flächengleiches Rechteck.
- Bestimmt gemeinsam eine Berechnungsstrategie für den Flächeninhalt eines Parallelogramms.
- *Überlegt, ob sich eure Strategie zur Berechnung des Flächeninhaltes auch auf das andere Parallelogramm übertragen lässt.*

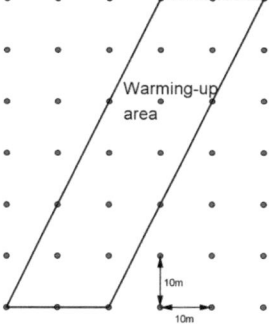

7. Literaturangaben

Führer, Lutz: Pädagogik des Mathematikunterrichts: eine Einführung in die Fachdidaktik für Sekundarstufen, Braunschweig 1997.

Kerncurriculum Niedersachsen S. 27, unter: http://db2.nibis.de/1db/cuvo/datei/ma_gym_si_kc_druck.pdf (abgerufen am 12.6.2016).

Leuders, Timo: Mathematik-Didaktik: Praxishandbuch für die Sek I und II, Berlin 2003.

Nitschke, Martin: Geometrie: anwendungsbezogene Grundlagen und Beispiele; mit 25 Beispielen und 47 Aufgabe, München 2005.